Bibliografische Information der Deutschen Nationalbibliothek:

Die Deutsche Bibliothek verzeichnet diese Publikation in der Deutschen National-
bibliografie; detaillierte bibliografische Daten sind im Internet über http://dnb.d-
nb.de/ abrufbar.

Impressum:

Copyright © 2016 GRIN Verlag, Open Publishing GmbH
Druck und Bindung: Books on Demand GmbH, Norderstedt Germany
ISBN: 9783668415270

Dieses Buch bei GRIN:

http://www.grin.com/de/e-book/355678/karteninterpretation-l3924-hildesheim

Annika Schmitt

Karteninterpretation L3924 Hildesheim

GRIN Verlag

Universität zu Köln
Geographisches Institut

Karteninterpretation zu Blatt

L3924 Hildesheim

Hausarbeit im Mittelseminar: Landschaften im Kartenbild
Wintersemester 2016/17

Vorgelegt von: Annika Schmitt

Inhaltsverzeichnis

Abbildungsverzeichnis

1   Einordnung des Kartenblatts

Für die Karteninterpretation einer Topographischen Karte liegt das Blatt L3924 „Hildesheim" im Maßstab 1:50.000 vor. Die Karte ist ein Produkt des Amtlichen Topographisch-Kartographischen Informationssystems (ATKIS) der deutschen Landesvermessung und wurde 2008 von dem Landesvermessungsamt und Geobasisinformationen Niedersachsen herausgegeben. Die Karte ist in vier Farben gehalten und wird durch eine dreisprachige Legende (deutsch, englisch, französisch) unterstützt. Vermutlich ist die Legende wegen der militärischen Bedeutung des Kartenblattes in drei Sprachen ausgeführt, da das Amt für Geoinformationswesen der Bundeswehr Mitherausgeber ist.

Die Projektion der Karte ist eine Universale Transversale Mercatorabbilung (UTM). Es ist die Zone 32U WGS 1984 in einem Gitternetz von 1-km-Quadrate dargestellt. Das Gradnetz des Kartenausschnitts erstreckt sich von 9°39'55.8'' (UTM: 545688) und 9°59'55.6'' (UTM: 568262) östlicher Länge sowie von 51°59'55.0'' (UTM: 5761093) und 52°11'54.9'' (UTM: 5783596) nördlicher Breite. Dies entspricht in Gauß-Krüger Koordinaten der Fläche zwischen den Rechtswerten ^{35}45700 und ^{35}68600 sowie den Hochwerten zwischen ^{57}61100 und ^{57}83600.

Die Anschlussblätter sind L3724 - Hannover im Norden, L3926 – Bad Salzdetfurth im Osten, L4124 – Einbeck im Süden und L3922 – Hameln im Westen.

Politisch gehört das dargestellte Gebiet zum Land Niedersachsen, wobei das Landkreis Hildesheim fast das gesamte Kartenblatt einnimmt und im nordwestlichen Rand des Blattes das Landkreis Hameln-Pyrmont und die Region Hannover angrenzen. Naturräumlich zeigt das Kartenblatt den Übergang des Norddeutschen Tieflands zur Deutschen Mittelgebirgsschwelle (LIEDTKE 1994: Karte 1:1.000.000).

Die zwei unterschiedlichen Naturräume werden nach physischen und anthropogenen Geofaktoren systematisch abgehandelt und analysiert. Zum Schluss erfolgt eine kurze landschaftliche Zusammenschau, um die physischen und die anthropogenen Faktoren zu verbinden, denn das Kartenblatt gibt zahlreiche Hinweise auf das Zusammenwirken von Natur und Kultur.

Für die Orientierung und Lagebezeichnung werden in dieser Hausarbeit die Rechtswerte und Hochwerte in Kilometer, mit einer Schrägstrichtrennung sowie ohne Abkürzungen ‚R' und ‚H' und Kennziffer angegeben.

2   Gliederungsübersicht

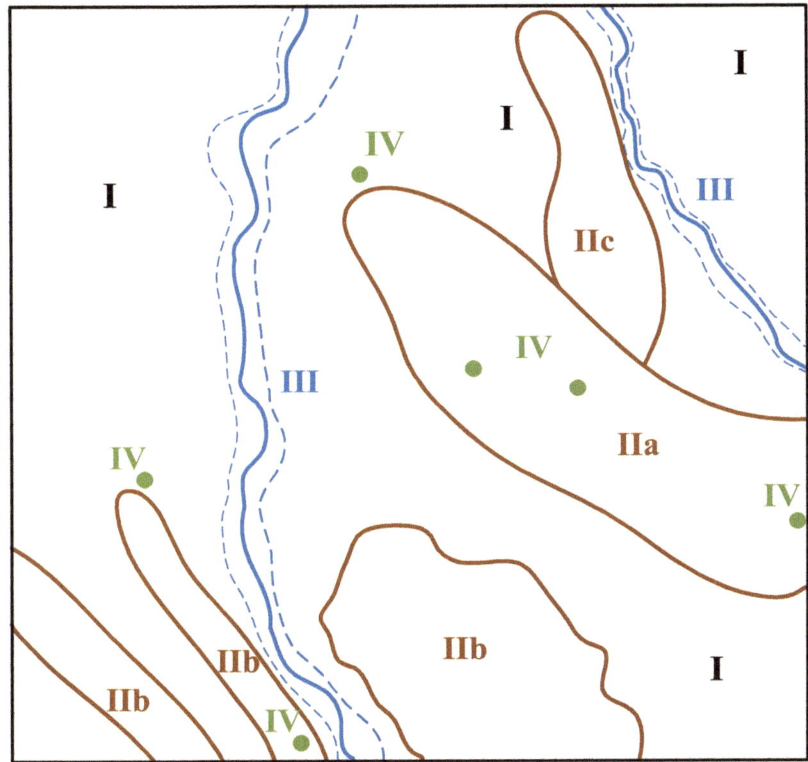

Abb. 1: Gliederungsübersicht (eigener Entwurf)

I)   **Niedersächsische Börden**

II)   **Niedersächsisches Berg- und Hügelland**

     a) Hildesheimer Wald – Sattel

     b) Leinesattel

     c) Giesener Sattel

III)   **Flusstäler**

IV)   **Kaliwerke / Saline**

3 Physiogeographische Analyse

3.1 Relief & Untergrund

Die Unterschiede in der Bodenbedeckung und den Oberflächenformen zwischen dem größeren Nordteil des Kartenblattes, die waldfreien, oberflächenruhigen Ackerflächen der ersten Haupteinheit (siehe Abb. 1), und dem südlichen Teil des Kartenblattes, der von bewaldeten Höhenzügen der zweiten Haupteinheit, eingenommen wird, kommen deutlich zum Ausdruck. Das Berg- und Hügelland besitzt eine auffällig parallel verlaufende nordwest-südost Streichrichtung sowie markante Steilwände. Da die Stufen- bzw. Stirnhänge jeweils im Hildesheimer Wald und der Bergzüge im Leinetal (die Sieben Berge östlich der Leine sowie der Külf und der Duinger Berg westlich der Leine) gegeneinander gerichtet sind, werden sie bei der weiteren Ausarbeitung in zwei Unterkategorien (IIa und II b) ausführlich analysiert. An die nordöstliche Flanke des Hildesheimer Waldes schließt sich der Giesener Sattel an (IIc). Die Flüsse Leine und Innerste entwässern die Landschaft und bilden die dritte Haupteinheit. Sie fließen in nördlicher Richtung ab, wobei die Innerste durch die nordöstlich liegende Stadt Hildesheim fließt und die Leine einen leicht kurvenförmigen Flussverlauf in der Kartenmitte annimmt.

3.1.1 *Niedersächsische Börde*

Beginnend mit der ersten Haupteinheit, stellt man bei der Betrachtung der Karte fest, dass hier ein besonderer Gunstraum vorliegt. Die auf einer Höhe zwischen 80-160 müNN liegende Ackerflächen bilden die größte Einheit und erstrecken sich, verglichen mit den Höhenzügen, schätzungsweise zu 2/3 über das gesamte Kartenblatt. Ein streifenartiges Eindringen der ebenen Fläche in das Berg- und Hügelland verzahnt die physiogeographischen Oberflächenformen. Indizes, dass Löss das Tiefland und den Fuß der Bergzüge bedeckt, lassen sich in der Karte finden.

Zunächst liefert die intensiv genutzte Landschaft und damit einhergehende ‚Waldfreiheit' einen Hinweis, denn akkumulierte Lössschichten bilden gute, sehr fruchtbare und nährstoffreiche Böden. Im Industriegebiet nördlich von Nordstemmen fallen mehrere runde Gebäude (54/80) auf, die an Silos erinnern. Die Überprüfung mit einem Luftbild (Anhang 1) bestätigt die Vermutung der Silos. Dies könnte ein Beleg für den Anbau von Zuckerrüben oder Weizen sein, welche nährstoffreiche, gut bewässerte Böden bevorzugen (SEEDORF 1977: 167). Des Weiteren besitzt Löss die Eigenschaft sehr guter Porosität, deshalb kann man auf der Karte im Ackerland bis auf die Leine und die Innerste keine weiteren Flüsse finden (andere Fließgewässer fallen in die Kategorie der Bäche). Eher wird die Landschaft von sehr vielen Bächen, die zur Leine oder Innerste hinfließen, durchzogen. Schließlich spricht die hohe Siedlungsdichte durch Haufendörfer für ein günstiges Siedlungsland mit ertragsreichen Lössböden.

Abgesehen davon gibt es keine weiteren konkreten Hinweise auf der Karte, wie z.B. Hohlräume oder Ziegeleien, die bestätigen können, dass eine Lössbörde vorhanden ist. Deshalb soll der Vergleich mit den GK 3824 – Elze, GK 3825 – Hildesheim und GK 3925 - Sibbesee bestätigen, dass es sich beim Landschaftskleid um Löss handelt. Das äolische Sediment konnte sich durch die Randlage des niedersächsischen Berg- und Hügelland durch eiszeitliche Winde aus dem Norden im Pleistozän absetzen.

3.1.2   Niedersächsisches Bergland

Die Haupteinheit II befindet sich auf einer Höhe zwischen 160 bis 395 müNN. Der ersten Beobachtung nach, müssen einerseits im Hildesheimer Wald (IIa) und andererseits in dem Höhenzug Sieben Berge, die Leine in der Mitte, dem Külf und dem Duinger Berg (IIb) ähnliche tektonische Prozesse stattgefunden haben. Jeweils IIa und IIb kann eine umrahmende Struktur mit einer Aufwölbung, gegeneinander gerichtete Schichten, mittig eine Talausprägung mit Fließgewässer sowie dicht beieinander gescharte Isohypsen zugeschrieben werden.

Diese Beobachtung verleitet zur Annahme, es handle sich um eine Schichtkamm- bzw. Schichtstufenlandschaft, die durch tektonische Prozesse aufgewölbt und aufgebrochen wurde. Bei einer Schichtkamm- bzw. Schichtstufenlandschaft muss es einen Wechsel zwischen unterschiedlich verwitterungsanfälligen, geneigten Gesteinsschichten geben (SCHULZ 2003: 223). Die Bergzüge werden im Folgenden von Nordost nach Südwest untersucht, um unterstützende Hinweise für diese Annahme zu finden.

Im ca. 16km lang gestreckten Hildesheimer Wald sticht ein dichtes Gewässernetz hervor. Vermutlich muss es sich beim Untergrund um weicheres, wasserundurchlässiges Gestein handeln. Unterstützt wird Vermutung auf der einen Seite durch das erodierte Tal und auf der anderen Seite durch die Namensgebung des Roten Bergs (62,5/70) und des Rottbergs (63,7/69,2), was auf einen Sandstein oder Buntsandstein rückschließen lässt. Ein Schichtwechsel tritt wohlmöglich an den Quellhorizonten auf, die im Talinneren und am Rückhang der nordöstlich und südwestlich einfallenden Schichten etwa auf derselben Höhe liegen. Im Abschnitt der Warmen Beuster tritt das Gewässer zwischen 190 und 230 müNN und im Bereich der Kalten Beuster ab 200 bis 280 müNN aus.

Hinsichtlich des Reliefs sind mehrere Stirne zu entnehmen, wie z.B. die nordöstlich von der Beuster verlaufende Stirnlinie (Escherberg (58,4/76,3) – Ziegenberg (63,3/71,4) – Tosmarberg (65,8/70,5)), oder die südwestlich von der Beuster verlaufende Stirnlinie (Brandberg (57,6/75,3) – Kneppelberg (58,8/72,8) – Eichenberg (61,1/70,7) bis Rottberg (63,7/69,2)), an welche sich eine weitere anschließt (Linkkopf (58,3/72,4) – Steinberg (62,8/69) – Auf dem Herze (66,5/66,7)). Um den Verlauf der jeweiligen Schichten besser zu erkennen, sollen die Querprofile A-B und C-D (Abb. 3 und 4) (vgl. dazu Anhang 2 und 3) helfen.

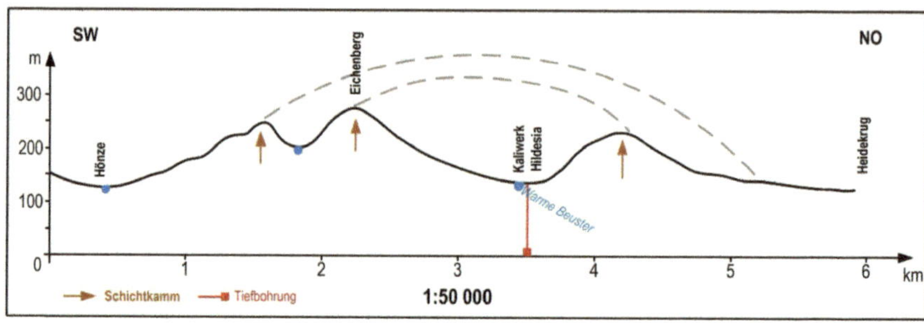

Abb. 2: Querprofil A-B, Hönze – Heidekrug (eigener Entwurf)

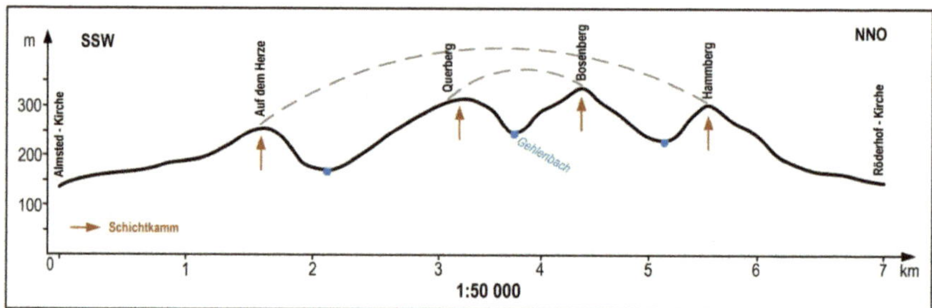

Abb. 3: Querprofil C-D, Almstedt Kirche bis Röderhof (eigener Entwurf nach HAGEL 1998: 67)

In den Abb. 2 und 3 erkennt man zueinander bzw. zur gegenüber liegenden Seite aufgewölbte Stirnhänge. Der Luftsattel (gestrichelte Linie) in beiden Querprofilen zeichnet den ehemaligen Schichtverlauf bei der Aufwölbung nach. Die Neigungsunterschiede zwischen dem Stirn- und Rückhängen lassen Schichtkämme erfassen, da die Schichten steil einfallen (AHNERT 2009: 256). Die Antiklinale wurde durch die Aufwölbung aufgebrochen, erodiert und zu Schichtkämmen geformt. Zurückgeblieben sind im Hildesheimer Wald zwei Schichtkämme, die durch subsequente Täler voneinander getrennt werden, an deren Rückhänge sich eine Talausprägung sowie weitere Kämme anschließen, bevor die Landschaft in die Senke übergeht.

Wirft man einen Blick auf die zur Leine gewandte Fläche, erkennt man tektonische Verformungen, die sieben vereinzelten, rundliche und steile Erhebungen hervorgebracht haben, deshalb auch die Namensgebung ‚Sieben' Berge. Die höchste Erhebung ist die Hohe Tafel mit 395 müNN (56/65,3), die gleichzeitig die höchste Erhebung im Kartenblatt ist. Wohlmöglich ist das Dach der Sieben Berge eine Schichtstufe. Der Aufriss zeigt ein asymmetrisches Querprofil mit einem steilen, südwestlich gerichteten Stufenhang und einer nordöstlich plateauartigen, leicht einfallenden und gering erodierten Schicht. Das Fehlen von Fließgewässer ist kennzeichnend für wasserdurchlässiges, hartes Gestein, also könnte ein Stufenbildner vorliegen. Das Austreten von vereinzelnden Bäche und Quellen ab ca. 120 bis 140 müNN am Stufenhang und ab ca. 200 bis 220 müNN auf der einfallenden Stufenfläche weist auf wasserundurchlässiges, verwitterungsanfälliges Gestein, wohlmöglich der Sockelbildner, ergo einen Schichtwechsel hin.

Westlich der Leine können ebenso Hinweise für wasserdurchlässiges, verwitterungsresistentes Gestein gefunden werden. Jeweils beim Külf und beim Duinger Berg fallen die Schichten südwestlich ein und die Stirnhänge sind dem Stufenhang der Sieben Berge entgegen gesetzt. Der Bergbau (47,8/64,1) mit einer drei Kilometer längst verlaufenden Böschung am Duinger Berg liefert ein Indiz für den Abbau von wasserdurchlässigem, hartem Gestein im Untergrund, beispielsweise Kalk. Zwischen den Firsten des Külfs und Duinger Bergs scheint das Relief erodiert zu sein und es treten vereinzelnd Bäche und Quellen (49,5/62,9, 51,5/65,3 oder 52,7/63,5) auf. Dies weist auf wasserstauende, weichere Gesteinsschichten und somit ein Schichtwechsel hin.

Der Neigungsunterschied zwischen Stirn- und Rückhang am Külf und Duinger Berg lassen auf einen Schichtkamm rückschließen. Die Schichtneigung der Sieben Berge fällt leicht und ähnelt dem Schichtaufbau nach eher einer Schichtstufe als einen steil einfallenden Schichtkamm (vgl. Abb. 4) (AHNERT 2009:256). Daher ist die Annahme einer Schichtstufe hier korrekt, wobei in der Literatur auch von einer Schichtkammlandschaft gesprochen wird, wie z.B. LIEDTKE 1994: 101.

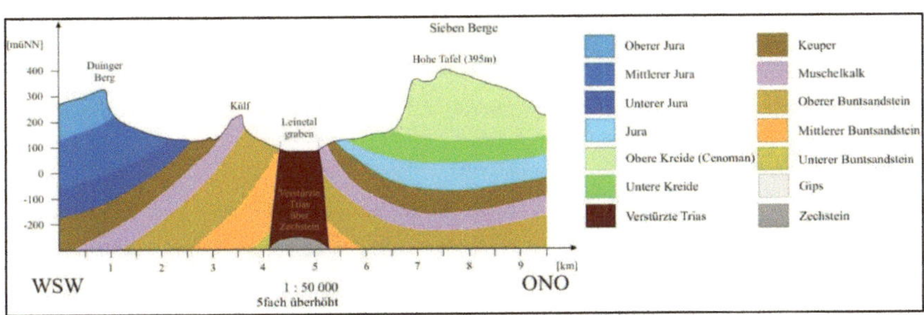

Abb. 4: Geologisches Querprofil Duinger Berg - Sieben Berge (ENGFER et al. 1998: Anhang)

Die Analyse hat die Annahme einer Schichtkammlandschaft im Hildesheimer Wald, Külf und Duinger Berg und eine Schichtstufenlandschaft in den Sieben Berge bestätigt. Die Aufwölbung der Schichten ist in den Querprofilen sehr gut erkennbar. Ursächlich für solche Aufwölbungen können die Halokinese sein. Indizes, dass in den darunter liegenden Schichten Zechstein vorhanden sein könnten, geben z.B. das Kaliwerk Hildesia (62/71,8) (siehe dazu Abb. 2: Tiefbohrung), Saline Heyersum (56/78) oder der hinweisende Name des Salzdetfurthar Waldes (67/69,6). Salzablagerungen im Zechstein aus dem Perm vor über 250 Mio. Jahre (DEUTSCHE STRATIGRAPHISCHE KOMMISSION 2012: Tabelle) konnten durch die Saxonische Bruchschollentektonik verursachten Drücke und Schwächezonen, wie Brüche und Verwerfungen, aus der Tiefe abwandern. Das bedeutet, zusätzlich zu den vonstattengehenden tektonischen Prozessen, führt der Salzaufstieg zu einer Aufwölbung des Gebirgssattels im Hildesheimer Wald und die Salzauslaugung zum Bruch des Leinesattels. Die Ausräumung der Sattelscheitel durch die Beuster und Leine erzeugten eine Reliefumkehr. Sedimentgesteine des Mesozoikums wurden frei gelegt, d.h. die Bundsandsteinschichten bilden den Sattelkern, an dem sich die Schichten Muschelkalk und Keupers anschließen, siehe dazu Abb. 6. Darüber hinaus hatte die Salzabwanderung unter den Sieben Bergen die Ausbildung einer Mulde zur Folge. (SEEDORF & MEYER 1992: 69, SEMMEL 2002: 498).

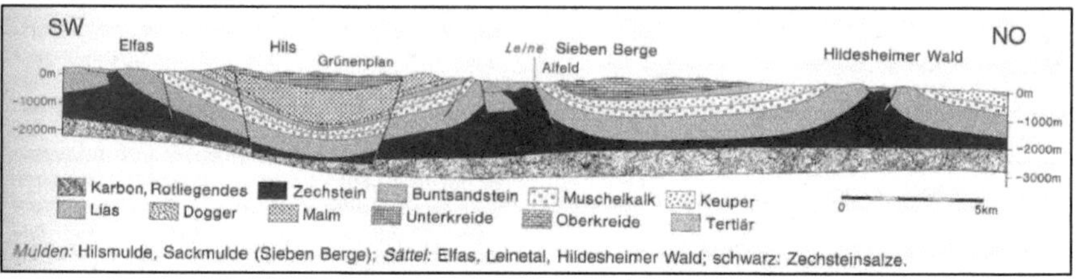

Abb. 5: Querprofil durch das Leinebergland mit typischen, durch Salzabwanderung und -aufstieg bedingten Mulden- und Sattelstrukturen (SEEDORF & MEYER 1992: 71)

Eine weitere tektonische Verwerfung stellt der Giesener Sattel (siehe IIc in Abb. 1) dar, welcher im Gegensatz zu IIa und IIb eine Ost-West Streichrichtung annimmt. Die herausragenden Höhenrücken müssen aus härterem Gestein bestehen. Für eine tektonische Verwerfung der härteren Gesteinsschichten spricht der westlich gewandte Höhenrücken mit einer dicht beieinander liegender Zertalung, wie z.B. zwischen dem Finkenberg (61,4/77,5), Gallberg (61,7/78,3) und am Rottsberg (62,2/77,4).

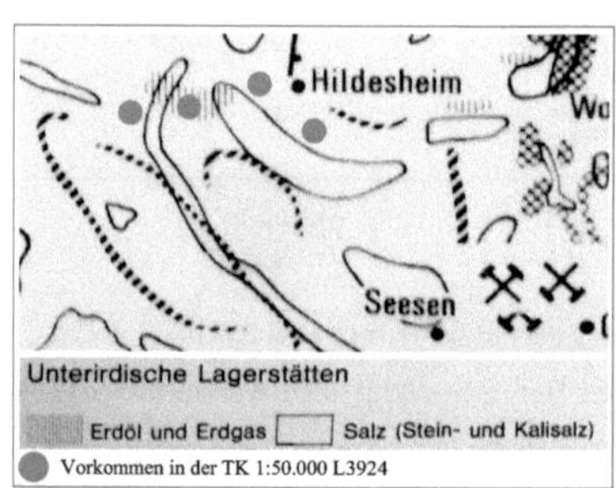

Abb. 6: Verbreitung unterirdischer Lagerstätten in Raum Hildesheim (Verändert nach SEEDORF & MEYER 1992: 141)

Die Standorte der vier Erdöl-/ und Erdgasförderungsanlagen (47,8/73,8; 53/75; 61/78,6 und 41,2/73,4) müssen im Zusammenhang mit der Halokinese entstanden sein. Halokinetische Überschiebungen können „Erdöl- und Erdgasfallen an deren Flanken oder Scheitel" (MESCHEDE 2015:125) hervorrufen. Für die Bildung von Erdöl- und Erdgaslagerstätten sind sowohl Muttergesteine, die z.B. in der Sedimentabfolge der Kreide des Juras sowie auch in dem Perm oder Oberkabon vorkommen, als auch Speichergesteine, wie z.B.

Bundsandsteine oder Kalksteine, vorausgesetzt. (MESCHEDE 2015:126, SEEDORF & MEYER 1992: 142f). Der Sedimentabfolge in Abb. 5 nach, ist diese Voraussetzung gegeben. Die Abb. 6 verdeutlicht den Zusammenhang der Standorte von Erdöl- und Erdgaslagerstätten in den Randsenken der Salzkissen.

3.1.3 Flusstäler

Der Größenordnung nach gehören die Leine und die Innerste zur Kategorie ‚Flüsse‘, wobei die Leine das größere Fließgewässer ist und die Innerste zwischen Hannover und Hildesheim in die Leine mündet (LIEDTKE 1994: Karte 1:1.000.000). Die Erscheinungsform der Leine erinnert an eine glazial geprägte Flussgenese. Bedingt durch den Kartenausschnitt des Blattes, welcher nur den Verlauf der Innerste durch die Stadt Hildesheim wiedergibt, sind keine direkten Hinweise auf glaziale Formung gegeben. Entweder unterliegt die Innerste einer anderen Flussgenese, oder der Ausbau der Stadt Hildesheim sowie die Umgebung und somit einhergehende anthropogene Veränderungen der Linienführung überdecken glaziale Spuren.

Für das glazial geprägte Relief der Leine sprechen zunächst die Bergwerke in den Bereichen der abflusslosen Seen, wie z.B. östlich von Brüggen (52,8/65 bis 53/65,8), westlich von Nordstemmen (51/78,5 bis 52/81,2 und 52,4/79 bis 53,4/79,5) und nördlich von Nordstemmen (53,6/80,8 bis 55,1/81,8). Sie lassen auf Kiesabbau und somit einen sandigen, kiesigen Untergrund schließen. Luftbilder (Anhang 4) von den Standorten östlich von Brüggen und nördlich von Stemmen bekräftigen, dass Kiesgruben vorliegen. Weiterhin besitzt die Leine einen leicht mäandrierenden Charakter, wie z.B. in den Abschnitten 55,5/61,6 bis 53,2/66 oder 52,5/78,4 bis 54/83,5. Schließlich lassen sich mehrere Altarme finden, z.B. die Alte Leine (52,6/67,5) oder in 55,5/62,3 und in 52,5/73,3. Zusammen mit diesen Indizes und der 500 bis 1000m breiten Flussterrasse kann man daraus interpretieren, dass die Leine einst eine höhere Geschiebefracht hatte bzw. Schmelzwasserablagerungen des Inlandeises nach Elster- und Saalevereisung die Ausbildung einer Talsandebene zur Folge hatten (SEEDORF 1977: 206, SEEDORF & MEYER 1992: 161, GOHL 1972: Karte).

Im Gegensatz dazu liegen im Innerstetal keine Anzeichen für kiesigen Untergrund vor und die Flussterrasse ist nicht so stark ausgeprägt, wie bei der Leine. Wohlmöglich hatte die Leine durch das Abtauen der Eismassen nach den Eiszeiten eine höhere Wasserzuführung und somit ein relativ breiteres Flussbett. Der Vergleich mit den GK 3825 – Hildesheim und GK 3824 – Elze verdeutlicht die Unterschiede. Bei der Leine handelt es sich um kiesige, sandige Anschwemmungsprodukte, wohingegen die Talböden der Innersten aus humosen bis toniger Feinsand bestehen.
Etwa ab Hochwert [57]79 fließen die Leine und die Innerste aus dem Bergland ins nördliche Tiefland ab.

3.2 Gewässernetz

Die leicht mäandrierenden Leine mit wenigen Altarmen und abflusslosen Seen steht die Innerste gegenüber. Sie kommt aus östlicher Richtung (68,5/73) und ihr Flussverlauf, der durch Hildesheim führt, ist ruhiger, nicht mäandrierend. Sie unterliegt wahrscheinlich dem anthropogenen Einfluss, sprich an dieser Stelle wurden Flussregulierungen vorgenommen. Die Flüsse fließen konsequent und folgen den durch (halo-)tektonische Prozessen verursachten Tiefenlinien.

Der Hildesheimer Wald liegt zwischen den Einzugsgebieten der Leine und der Innersten. Dabei nimmt das Gewässernetz unterschiedliche Abflussrichtungen (SCHULZ 2003: 226) an. Die Warme Beuster in südöstlicher Fließrichtung und die Kalte Beuster in nordöstlicher Fließrichtung fließen subsequent und münden ab Diekholzen (62,7/71,8) in die Innerste. In Kapitel 3.1.2 schon erläutert, ist ein Quellhorizont deutlich zu erkennen. Die Bäche im subsequenten Tal fließen obsequent zur Beuster, also „dem Schichteinfallen entgegengesetzt von der Stufenstirn her auf die subsequente Zone" (SCHULZ 2003: 226). Die Bäche am südwestlich gerichteten Rückhang sowie die nördliche Flanke des Hildesheimer Waldes entwässern Richtung Leine. Dahingegen fließt das Gewässer am nordöstlich gerichteten Rückhang der Innerste zu.
Der Verlauf der Isohypsen lässt an mehreren Stellen im Hildesheimer Wald eine durch rückschreitende Erosion der Bäche eine Eintiefung oder Durchbruch der Täler vermuten, wie z.B. südlich des Brandbergs bei 58/74,8 oder zwischen dem Rottberg und Griesberg bei 64,6/68,7. Die Bäche, die aus dem Bundsandsteinkamm (vgl. Abb. 5) austreten, führten wahrscheinlich an mehreren Stellen zum Durchbruch des anschließenden Muschelkalkkammes (vgl. Abb. 5). Besonders stechen hierbei die Talung nordöstlich von Eitzum bei 59,4/70,8 und bei Petze 65,5/67,5 hervor. Bei Diekholzen (62,7/71,8) liegt wahrscheinlich ein Durchbruchstal vor. Hinsichtlich der Entwässerung der Beuster zur Innersten könnte die Flussanzapfung ursächlich dafür sein.

Eine Schummerungskarte (Abb. 7) eignet sich besonders gut, um einen räumlichen Eindruck über das Geländerelief zu gewinnen. Hier wird deutlich, dass das natürliche Abflussnetz des Hildesheimer Waldes die Schichtkämme herauspräpariert aber auch im restlichen Raum des Kartenblattes eine maßgebliche Rolle bei der Reliefgestaltung eingenommen haben bzw. einnehmen.

Im Blattausschnitt insgesamt strömen alle Fließgewässer zur Leine oder zur Innerste, bis auf die Thüster Beeke im südwestlichsten Rand (46,5/63) des Kartenblatts. Außerdem lassen sich nur perennierende Flüsse und Bäche finden. Abgesehen von dem Gewässernetz im Berg- und Hügelland, scheinen die Flüsse in der Lössbörde sehr unter anthropogenen Einfluss zu stehen. Besonders auffällig sind dabei die Begradigungen z.B. die Fläche zwischen Nordstemmen und Hildesheim (55/79 bis 61/83) oder im nordwestlichen Teil des Kartenblattes (45,4/77 bis 53/82,5). Es könnte mit der Agrarlandschaft im Zusammenhang stehen. In der Abb. 8 kommen die Unterschiede zwischen dem natürlichen Abflussverhalten und der begradigten Flussabschnitte und Bäche deutlich zur Geltung.

Eine Besonderheit im Gewässernetz des Kartenblattes stellt der Hafen Hildesheim (63,5/81) dar. Es ist mit dem Zweigkanal-Hildesheim verbunden, welcher zum Mittellandkanal führt.

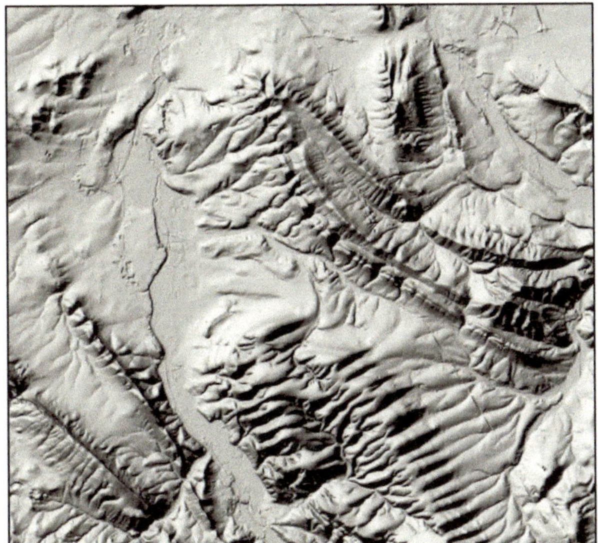

Abb. 7: Schummerumgskarte Niedersachsen - Hildesheimer Wald und Leinetal,
1:50.000 (NIBIS 2014) (Vgl. Anhang 5)

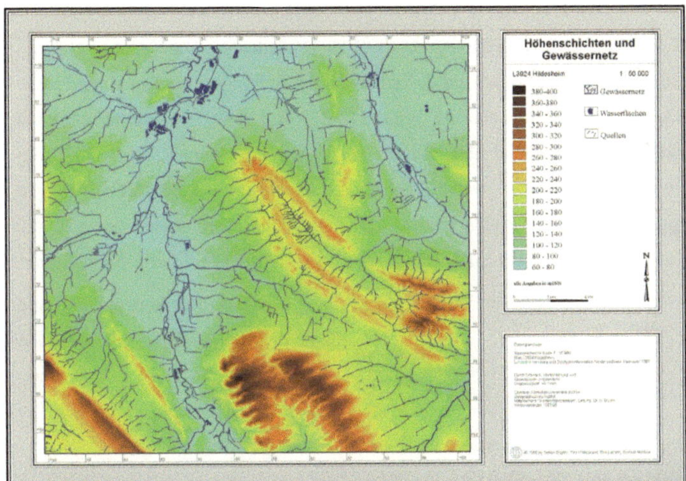

Abb. 8: Höhenschichten und Gewässernetz (ENGER et al. 1997: Anhang) (Vgl. Anhang 6)

3.3 Klima

In der Regel gibt eine Karte wenig Anzeichen für das vorherrschende Klima. Die Windkraftanlagen
nördlich von Weenzen (46/64,8), am Sonnenberg (48/69,9) und westlich von Schulenburg

(50,5/82,5) deuten auf eine windige Region. Sie profitieren von der Waldfreiheit und ebenen Landschaft, denn so wird weniger Reibung auf den Wind ausgeübt. Die Tieflage, z.B. die Börde zwischen 80-160m und das Bergland zwischen 160-395 (siehe Tab. 1), im gesamten Kartenblatt und die Randlage zum Norddeutschen Tiefland (maritim) könnte ein Indikator für ein warmgemäßigtes Klima sein. Ferner kann man von einer ganzjährlichen Niederschlagszufuhr ausgehen, da es keine periodischen Flüsse gibt und das Gewässernetz insgesamt dicht ist, wenn es auch vorwiegend aus Bächen und kleineren Gewässern besteht.

3.4 Vegetation

Die Vegetation unterscheidet sich deutlich zwischen den zwei Naturraumeinheiten I und II. Es stehen sich Kulturlandareale und Waldareale gegenüber. Die niedersächsische Börde besteht aus intensiver Kulturlandschaft, die schätzungsweise zu 2/3 vegetationsfrei ist. Einige Grünflächen begleiten die Leine, in der Stadt Hildesheim dominieren Gartenlandflächen. Typisch für das ebenere Norddeutschland sind Baumreihen entlang der Straßen. Solche Alleen lassen sich an vielen Stellen im Kartenblatt finden, wie z.B. an der B3 westlich von Schulenburg (51/82,8 bis 50,1/77,2).

Die Höhenrücken sind fast ausnahmelos bewaldet und werden bis auf wenige Ausnahmen (58/62 bis 62/64 und 62,5/71) nicht für Agrarwirtschaft benutzt. Ausschlaggebend könnten das maschinell schwer bearbeitbare Relief oder die, wegen sandigen Untergrunds, saure Böden im Hildesheimer Wald sein.

Das Vegetationskleid des Berg- und Hügellandes lässt sich nicht eindeutig identifizieren. Ein saurer Boden impliziert in der Regel ein Nadelwald, jedoch befinden sich in der nordöstlichen Flanke des Hildesheimer Waldes der Klein Escherder Wald (57/77) und der Groß Escherder Wald (58/76,5). Der Name könnte ein Hinweis für die Baumart Esche, also Laubbäume[1], sein. Wohlmöglich liegt ein Mischwald vor. Der harte, wasserdurchlässige Untergrund in den Sieben Bergen könnte aus kalkhaltige, eher basische Böden bestehen. Hier gedeihen Tiefwurzler, wie z.B. die Buche, die höhere Ansprüche an den Nährstoffhaushalt der Böden stellen. Die Überprüfung mit der der Abb. 9 bestätigt, dass in dem Berg- und Hügelland Buchen(misch)wälder vorliegen und die Pflanzendecke heute aus Buchen- und Fichtenforsten bestehen könnte (SEEDORF & MEYER 1992: 334f).

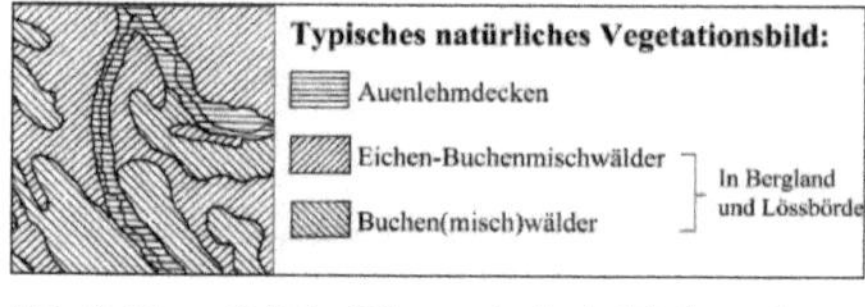

Abb. 9: Die natürliche Pflanzendecke in Niedersachsen – ein Teilausschnitt (SEEDORF & MEYER 1992: 335)

---

[1] http://www.waldwissen.net/wald/baeume_waldpflanzen/laub/wsl_esche/index_DE, 28.11.2016

4 Anthropogeographsiche Analyse

4.1 Siedlungen

In topographischen Karten werden keine Einwohnerzahlen angegeben, deshalb muss auf die Art und Größe der Beschriftung von Städten oder Gemeinden geachtet werden (HÜTTERMANN 2001: 100f). Hildesheim ist die größte Stadt des Kartenblattes. Ihr folgen als Stadt Elze (50/75) und Gronau (53/70). Die restlichen Siedlungen entsprechen nach der Größenordnung Dörfern. Insgesamt widerspiegelt das Kartenblatt bis auf das nordöstliche Quadrat eine ländlich geprägte Siedlung. Die Siedlungsdichte unterscheidet sich in den Naturraumeinheiten. Das Berg- und Hügelland wird gar nicht bewohnt, während die Dörfer in der Börde im relativ dichten Abstand von bis drei km zueinander erschlossen worden sind.

4.1.1 Siedlungsformen

Vergleicht man die Siedlungsformen im Kartenblatt, ist die Siedlungsform ‚Haufendorf' am häufigsten anzutreffen. Man erkennt keine äußere Planung, die Straßenführung ist regellos und meistens steht die Kirche direkt an der Hauptstraße, die durch das Dorf führt. Gut zu erkennen sind die Haufendörfer entlang der Landesstraße L485 zwischen Sibbesse (62/67,5) bis Adenstedt (64/615), oder entlang der Landstraße L482 zwischen Barfelde (56,5/71,5) bis Breinum (67,8/65).
Gronau (53/70,7), Elze (50,5/74,7) und Hildesheim (65,5/77,2) weisen mittelalterliche Stadtstrukturen auf. Haupterkennungsmerkmale sind die geplanten rechteckigen Straßenauslegungen, sowie die Orientierung an hindurchführende Handelsstraßen und bedeutenden Kirchen. Diese Charakteristika sind in Gronau besonders erkennbar.

4.1.2 Historisch-Genetische Gliederung

Die unten stehende Abb. 10 zeigt eine Übersicht der Siedlungsgenese von diesem Kartenblatt. Die Siedlungsepochen, wichtigsten Ortsnamens- und Ortsformengruppen sowie ihre zeitliche Einordnung sind nach LIENAU (1995: 162f) charakterisiert, um eine Orientierung ihrer Entstehungszeiträume zu erhalten. Abweichungen sind möglich, da die Namen sich mit der Zeit verändert haben könnten oder eine andere geschichtliche Bedeutung haben und sich nicht durch die Herkunft des Ortsnamens einordnen lassen.
Den ältesten Hinweis auf eine Siedlung gibt möglicherweise der historische Wall im Rückhang des Schiefer Bergs (56,6/76). Recherchen legen nahe, dass es die Beusterburg[2] ist. Die Beusterburg kann der Michelsberger Kultur (jungsteinzeitliche Epoche) zugeordnet werden und wird auf ein Alter über 5500 Jahre geschätzt (MEYER & RAETZEL-FABIAN 2006: 21). Weitere Anzeichen für

---

[2] http://beusterburg.de, Abrufdatum: 28.11.2016

eine ur- und frühgeschichtliche Siedlungsepoche liefern die ausschließlich im Wald und in höheren Lagen vorkommenden Grabhügel, wie z.B. in größerer Ansammlung im nördlichen Hildesheimer Wald (58,5/76,7 und 57,5/75,8) und bei Osterholz (55/76). Hier muss es wahrscheinlich eine Siedlung aus der Bronzezeit[3] gegeben haben.

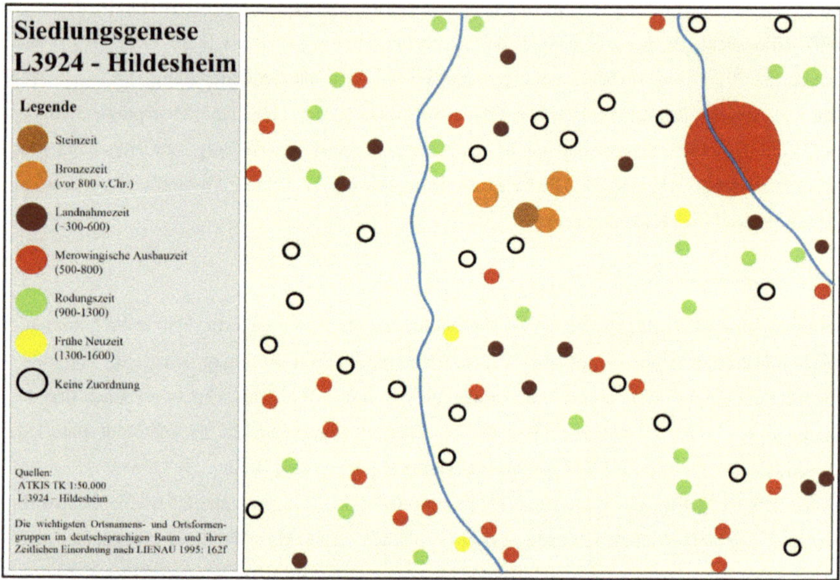

Abb. 10: Siedlungsgenese der TK 1:50.000, L3924 - Hildesheim (eigene Darstellung)

Bei den Epochen der Landnahmezeit, etwa zwischen 300-600 n.Chr., und Merowingische Ausbauzeit, etwa zwischen 500-800 n.Chr., kann man einen starken Ausbau der Besiedlung in der Bördelandschaft annehmen. Sie besitzen alle die Siedlungsstruktur der Haufendörfer. Im Rahmen der Rodungszeit kommt eine neue Welle an Siedlungsgründungen. Charakteristisch dafür ist die Orientierung der Siedlungen am Fuße der Bergzüge. Ferner sprechen die Siedlungen Gronau (53/70,7), mit einem sichtbaren mittelalterlichen Stadtkern, Godenau an der Leine (54,50/62,6) sowie Neuhof (62,5/75,5) für einen Ausbau in der Frühen Neuzeit.

Manche Dörfer deuten auf eine Erweiterung während der Industrialisierung. Erkennen könnte man das an willkürlich angelegten Straßen zu Gründungszeiten, meistens an einer Kirche entlang führend, eines Dorfes, welches nach außen um geplante, rechtwinklig angelegte Straßenblöcke gewachsen ist. Angesiedelte Industriegebiete können eine solche Siedlungsgenese herbeiführen. Da-

---

[3] http://www.geodaten.niedersachsen.de/datenangebot/kultur_geschichte/archaeologie/25264.html, Abrufdatum: 28.11.2016

für sprechen z.B. Schulenberg (53/83), Teile von Nordstemmen (54/79,5), Elze (55,5/70), südlich von Duingen (47,3/61,5) oder außerhalb des Stadtkerns von Gronau (54/70,5). Besonders hervorzuheben sind die Arbeitersiedlungen Kolonie Kaliwerk (50/68,5) und Kolonie Godenau 54/62). Der Namenszusatz ‚Kolonie' weist auf eine Arbeitersiedlung zu Zeiten der Industrialisierung hin und ist vor allem in Bergbaugebieten anzutreffen (HAGEL 1998: 102).

Hinsichtlich der historisch-genetischen Gliederung Hildesheims, kann man Siedlungsstrukturen aus verschiedenen Epochen ergründen. Zur Unterstützung dient die TK 1:50.000 - L3924 Hildesheim von 1976 (SEEDORF 1977: 87, siehe Anhang 7), so dass Veränderungen besser gedeutet werden können.

Das mittelalterliche Stadtbild Hildesheims lässt sich bis auf die Straßenführung zur und um die Altstadt kaum noch entnehmen, da Hildesheim durch die Bombardierung Ende des Zweiten Weltkriegs stark zerstört wurde (GROTELÜSCHEN & MUUSS 1967: 131). Deshalb lässt sich nicht sicher beurteilen, ob das Städtewachstum bei den Industrie- und Gewerbeflächen oder südlich und westlich von Hildesheim mit der Industrialisierung oder der Wohnungsnot nach der Zerstörung im Zweiten Weltkrieg einhergehen. Block- und Reihenhäuser und geplante Straßenzüge sind typisch für Arbeitersiedlungen, können aber auch Sozialwohnungen und eine Reaktion auf Wohnungsmangel sein. Eine Suburbanisierung lassen sich bei Itzum (67,5/75) und Ochtersum (65/75,5) feststellen, da zu einem das geschwungene oder auch geplante Straßennetz typisch für suburbane Vororte und eine nachbarschaftliche Umgebungen sind und zum anderen die Flächen um 1976 noch nicht erschlossen wurden.

4.1.3 Funktionale Gliederung

Hinsichtlich der Funktionen scheinen die Dörfer Eime (50/70) und Duingen eine besondere amtliche Bedeutung zu haben. Der Zusatzname ‚Flecken' deutet auf ein Unterzentrum (HAGEL 1998: 105). Im Allgemeinen vertritt der ländliche Raum des Blattausschnittes primär die agrarische bzw. gewerbliche Funktion, während Hildesheim multifunktional geprägt ist. Zusätzlich zur Multifunktionalität, hebt sich Hildesheim bezüglich der Größe, Einwohnerzahl und Zentralität von den übrigen Siedlungen deutlich ab. Deshalb wird im Folgenden ausführlich auf die Funktionen von Hildesheim eingegangen.

Hildesheim ist während der Siedlungsgenese um bedeutende Funktionen gewachsen. Die Bischofsstadt aus dem 9. Jahrhundert muss mal ein bedeutender Handelsort gewesen sein, da sie im Übergang der ertragsreichen Lössbörde und dem rohstofffreichen Berg- und Hügelland gegründet wurde. Bestätigt wird dies durch die Ost-West verlaufende Bundesstraße 1, im Mittelalter eine sehr wichtige Handelsstraße, der Hellweg (BERGER 1993: 131, 134f). Der Galgenberg (67/77), ein Ort der Hinrichtung und Gerichtbarkeit, könnte ein Hinweis auf die damalige administrative Funktion Hildesheims sein. Durch Hannover als Landeshauptstadt spielt Hildesheim heutzutage administrativ eine geringere Rolle als früher. Nach wie zuvor ist die religiöse Bedeutung stark vertreten, wobei die größte Anzahl der Kirchen in den historischen Stadtteilen wie die Altstadt oder Neustadt zu entnehmen ist.

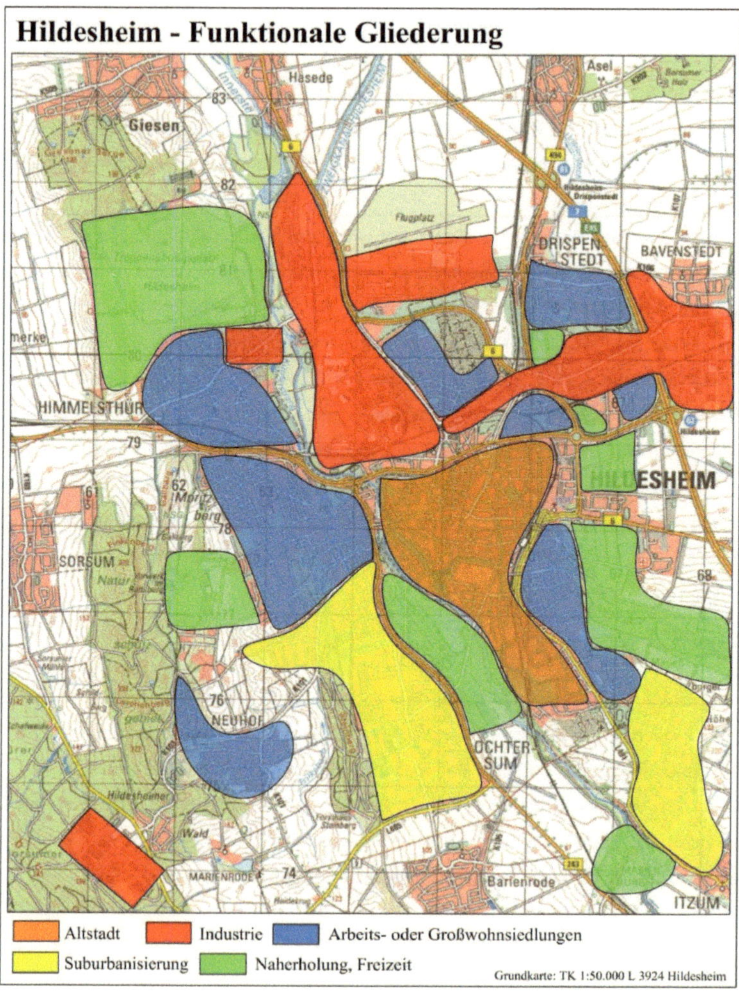

Abb. 11: Hildesheim - Funktionale Gliederung (eigene Darstellung)

In der Abb. 11 sind die Funktionen auf der Basis der TK 1:50.000 L 3924 – Hildesheim sowie Google Maps interpretiert und zusammengefasst. Eine kurze Anbindung zu den trimodalen Verkehrsträgern (Schiffe, Straßenverkehr bzw. Autobahn, Eisenbahn) wie auch die Industrie- und Gewerbegebiete nördlich der B1 in Hildesheim und südwestlich von Neuhof im Hildesheimer Wald könnten den Handel zur wichtigsten Funktion der Stadt machen. Die Funktion des Wohnens teilt sich auf in Arbeits- und Großwohnsiedlungen und Suburbanisierung auf. Grün- und Gartenland in Begleitung von Sportanlagen im Kern der Innersten, wie z.B. beim Hohnsensee 65/77), aber auch das städtische Umland, wie der Galgenberg (67/77), Gartenland östlich der Altstadt (z.B. 67/78,7) oder der Campingplatz Vorwerk im Rottsberg (61,9/77,4) im Naturschutzgebiet sorgen für die Naherholungsfunktion. Die Sportanlagen in Itzum (67/76) dürften wahrscheinlich eher einen kulturellen Hintergrund haben, z.B. eine Hochschule oder Universität. Der Truppenübungsplatz (62/81) dürfte nur noch eine historische Bedeutung haben, da nach dem Flächennutzungsplan von Hildesheim heute ein Natur- und Landschaftsschutzgebiet vorliegt (STADT HILDESHEIM 2015).

4.2 Wirtschaft

4.2.1 Unterirdische Rohstoffquellen

Im Kartenblatt sind einige Standorte (vgl. Abb. 1) für Kalibergbau finden. Die Legende macht keine Aussagen darüber, ob die Bergbauten im Kaliwerk Hildesia (62/71,8) oder in Eime (50,9/69,3), noch in Betrieb sind. Außerdem sind ehemalige Kalischächte bzw. –bergbauten, wie z.B. in Godenau (54/62) und Eime (50/68,5) (jeglicher Hinweis: ‚Kolonie') nur noch als Industriefläche abgebildet. Außerdem gilt die Industrie-/Gewerbefläche des Mathildenhalls (59/73) auf 220 müNN kritisch zu betrachten, da in einem Umkreis von 2-3km keine andere Siedlung oder weitere Industriefläche vorhanden ist. Hier könnte auch Salz gefördert worden sein. Bad Salzdetfurth (68,4/68) schneidet noch an der südöstlichen Flanke des Hildesheimer Waldes an. Wegen des Salzkissens im Untergrund und den namensgebenden Hinweis dürfte dort auch Kalisalz gefördert worden sein.

Der Abgleich der TK 1:50.000 L3924 Hildesheim mit einem Ausschnitt aus der TK 1:100.000, Großblatt Nr. 73 (SCHRADER 1970: 96 und 106) eignet sich, da zwischen den Karten mindestens 35 Jahre Entwicklung liegen. Bei der TK 1:100.000 sind alle o.g. Kaliwerke bzw. Schächte noch in Betrieb gewesen. Dies zeigt, dass ein bedeutender Wirtschaftsmotor im 20. Jahrhundert heute eine untergeordnete Rolle eingenommen hat.

Eine weitere unterirdische Rohstoffquelle stellt das Erdöl und –gas. Aufgrund der relativ wenigen Standorte (47,8/73,8; 53/75; 61/78,6 und 41,2/73,4) findet wahrscheinlich nur eine regionale Versorgung statt.

4.2.2 Oberirdische Rohstoffquellen

Eine wichtiger Rohstofflieferant könnte das Bergwerk ‚An der Sandgrube' (46/62) bei Duingen sein. An der Stelle wird wertvoller Quarzsand aus dem Tertiär[4] abgebaut. Nicht zu übersehen ist

---

[4] http://www.doerentrup.de/quarz/produkte.html, Abrufdatum: 28.11.2016

die 3 km lange Böschung am Duinger Berg mit einer weiteren Abbaustelle (47,8/64,1). Mit dem Hinweis aus der Abb. 5 bei Punkt 3.1.2, handelt es sich um Malm, ein verwitterungsresistentes Kalk aus dem Oberjura (DEUTSCHE STRATIGRAPHISCHE KOMMISSION 2012: Tabelle). Von größerer Bedeutung dürfte auch der Steinbruch am ‚Am Ortenberg' in (68,6/68) sein, welche zu Bad Salzdetfurth gehört. Die Industrie- und Gewerbefläche in den Sieben Bergen (57/66,6) lassen darauf rückschließen, dass an dieser Stelle wahrscheinlich Kalk abgebaut wurde.

Zu den weiteren Rohstoffsicherungsgebieten zählen die Sand- und Kiesgruben im Leinetal, der Abbau von Flussterrassen-Ablagerungen. Der Abbau von Sand und Kies führte zu einer flächengroßen Begleiterscheinung der Baggerseen. Weitere Kiesgruben (49,5/73,2) bzw. ehemalige Abbauflächen (42,2/72,5 und 48/74,4) sind entlang der Saale angesiedelt.

Letztlich spielt Holz auch eine Rolle als Rohstoffquelle. Der namentliche Hinweis, also –rode, – holzen oder -holz, vieler Dörfer (z.B. Diekholzen (62,7/71,8) oder Barienrode (65/74)), Wälder (z.B. Hainholzberg (60/70,7) oder Heiligenholzberg 62,4/61,8) sowie der Forsthäuser (Söhrer Forsthaus 65,8/71,7) in Waldnähe weist auf die lange Tradition der Forstwirtschaft hin.

4.2.3 Landwirtschaft

Die niedersächsische Bördelandschaft gehört zu den fruchtbarsten Böden von Deutschland und ermöglicht eine intensive Feldwirtschaft (SEEDORF & MEYER 1992: 60). Die frühe Landnahmezeit, die Siedlungsgenese und ein dichtes Netz von Haufendörfern unterstreichen die Bedeutung der Börde. Mit den gegebenen Hinweisen, wie z.B. die Lössböden, die Silos in Nordstemmen (54/80) oder zahlreich vertretene Mühlen (beispielsweise die Riedemühle (55,5/68,3), Rothemühle (55,8/73,4) oder Calenberger Mühle (54/83,2)), liegt es nahe, dass Anbauprodukte wie Zuckerrüben, Getreide, Weizen, vorliegen.

Während die unterirdischen Rohstoffe in den letzten Jahrzehnten an Wert verloren haben, dürfte die Lösslandschaft mehr Bedeutung gewonnen haben, da bis auf die bewaldeten Höhenzüge keine natürlichen Waldflächen mehr vorliegen. Es muss eine anthropogen stark veränderte und beeinflusste Landschaft vorliegen. Die hohe agrarische Leistungskraft dürfte eine ausschlaggebende Wirtschaftskraft sein.

4.2.4 Industrie

Insgesamt ist der Raum schwach industrialisiert bis auf Hildesheim. Das unterstreicht die Wirtschaftsaktivität der Landwirtschaft und der Verlust der rohstoffgebundenen Industrie. Einige Besonderheiten sind dennoch hervorzuheben. Im Hildesheimer Wald existiert eine Industrieanlage. Recherchen zufolge, haben sich hier, wahrscheinlich wegen der guten Standortfaktoren, namenswerte Firmen angesiedelt, wie z.B. die Blaupunkt Werke GmBh oder Robert Bosch GmbH (GROTELÜSCHEN & MUUSS 1967: 131, SINGER & FLIEDNER 1970: 272). Nördlich der durch Hildesheim verlaufende Bundesstraße 1 hat sich die Industrie großflächig ausgebreitet und profitiert wahrscheinlich von den trimodalen Verkehrsträgern. Und zuletzt scheint die mit der Landwirtschaft verbundene Industrie nördlich von Nordstemmen, siehe 4.1.1, auch eine tragende Funktion zu haben, da in unmittelbarer Nähe ein Bahnhof (54,1/79,9) stationiert ist.

4.3   Verkehrsnetz

Der Siedlungsraum im Kartenblatt wird durch ein ausgebautes Straßennetz gut erschlossen. Insgesamt passieren sechs Bundesstraßen den Raum im Kartenblatt. Die Bundesstraßen 3 und 1 sind wichtige Verbindungswege, die sich bei Elze (49,3/74,7) kreuzen. Sie banden die historisch „bedeutendsten Verkehrsstränge zwischen Nord- und Süddeutschland" (SEEDORF 1977: 87) zusammen. Die Ost-West Achse führt nach Hildesheim und bilden letztlich eine wichtige Verbindung zwischen der länglich geprägten Region und Hildesheim. Mit der am östlichen Stadtrand von Hildesheim verlaufenden Autobahn 7, die Norddeutschland mit Süddeutschland verbindet, wird für eine überregionale Anbindung gesorgt. Zwischen den Sieben Bergen und dem Hildesheimer Wald ist das Straßennetz spärlicher ausgebaut, aber mindestens mit Landstraßen ausgestattet.

Des Weiteren sind zwei Eisenbahnstrecken zu entnehmen. Eine ist wahrscheinlich für die regionale Verbindung ausgebaut worden, da sie an mehreren Bahnhöfen im ländlichen Raum (z.B. in 54,3/62,7 oder 51,4/68,7) vorbei führt. Hingegen passiert die andere Eisenbahnlinie den Hildesheimer Wald und führt durch zwei Tunnel unmittelbar zum Hildesheimer Bahnhof und Richtung Hannover, ohne die ländlichen Stationen anzufahren. Dies deutet auf eine für Schnellstrecken ausgelegte Zugverbindung hin.

Der Hafen in Hildesheim (63,5/81,3) stellt eine Besonderheit in der Infrastruktur da, weil es an multimodalen Verkehrsträgern angeschlossen ist. Güter können über die Schiene (direkter Anschluss, siehe 63,5/80,7), Straßen und Schiff transportiert werden.

Im nördlichen Industriegebiet steht ein Flugplatz, welcher nicht für den öffentlichen Personenverkehr zugelassen ist[5]. Bei Wallenstedt (55,7/67,8) ist ein weiterer Hinweis für den Flugverkehr vorhanden. Die Legende gibt keine Auskunft, was für eine Art von Flugplatz es sein könnte. Der Größenordnung und des Standortes nach ist der Flugplatz wahrscheinlich auch nicht für öffentliche Zwecke gedacht.

---

[5] http://www.flugplatz-hildesheim.de/index.php?iCID=1, Abrufdatum: 28.11.2016

5   Landschaftliche Zusammenschau

Zusammenfassend wiedergibt die Interpretation des Kartenblattes L3924 Hildesheim eine komplexe erdgeschichtliche Entwicklung, die eine geomorphologische Vielfalt hervorbrachte. Die Saxonische Bruchschollentektonik und Halokinese sind verantwortlich für die Entstehung der Schichtkamm- und Schichtstufenlandschaft. Die Erosion und Denudation führten zu einer Reliefumkehr und lassen die Mulde als eine Erhebung und die Sättel als Täler erscheinen. Das Berg- und Hügelland birgt verschiedene unterirdische Rohstoffquellen, die jedoch mit der Zeit an Bedeutung verloren haben, wie z.B. die Förderung von Kalisalze. Im Kontrast zum unruhigen, kleingekammerten Relief steht die ruhige, leicht wellige Landschaft, deren Landschaftskleid ein Resultat der letzten Eiszeit sind. Die Lössbörde besitzt eine hohe agrarische Tragfähigkeit sowie Wirtschaftskraft und stellt einen besonderen Gunstraum dar. Der Kontrast wird verringert durch eine Verschmelzung der physisch- und anthropogeographischen Erscheinungsformen, denn die Lösslandschaft dringt in Berg- und Hügelland ein und bildet den Übergang des Norddeutschen Tieflands zur deutschen Mittelgebirgsschwelle.

Das Kartenblatt ist ein gutes Beispiel für durch menschliche Tätigkeiten geprägten Raum. Der Formenreichtum ist ausschlaggebend für die anthropogene Entwicklung im Kartenblatt. Die Landgewinnung seit vorgeschichtlicher Zeit und den Hochphasen der Landnahmezeit, merowingische Ausbauzeit sowie Rodungszeit ließen die Lössbörde zum Nutzland werden. Die Infrastruktur ist nach physiogeographischen Faktoren ausgerichtet worden und verkehrsgeographisch angesichts der verschiedenen Anbindungsmöglichkeiten ein besonderer Standort. Die Nähe zur Landeshauptstadt Hannover sowie die Bundesautobahn 7, eine wichtige Nord-Süd-Achse, könnten attraktiv sein für Pendlerverflechtungen.

Abschließend lässt sich sagen, dass die zu analysierende Karte wenig detaillierte Informationen überliefert. Besonders für eine historisch bedeutende Bischofsstadt aus dem 9. Jahrhundert dürfte eine differenzierte Signatur für Kirche sowie Dom nicht irrelevant sein, jedoch werden alle Kirchen mit der gleichen Signatur versehen. Auch hinsichtlich des Bergbaus sollte eine Unterscheidung zwischen aktiven und inaktiven Bergbau vorgenommen werden. So kämen insgesamt die historische Bedeutung und Veränderungen des Kartenblattes besser zur Geltung.

6   Ergänzende Karten, Pläne, Skizzen, Luftbilder

Anhang 1
Luftbild, Google Earth 26.11.2016 – Silos von Nordstemmen

Anhang 2 - Profil A-B

Querprofil ‚A-B': Hildesheimer Wald, Hönze bis Heidekrug

Karte: L3024 Hildesheim, TK 1:50.000

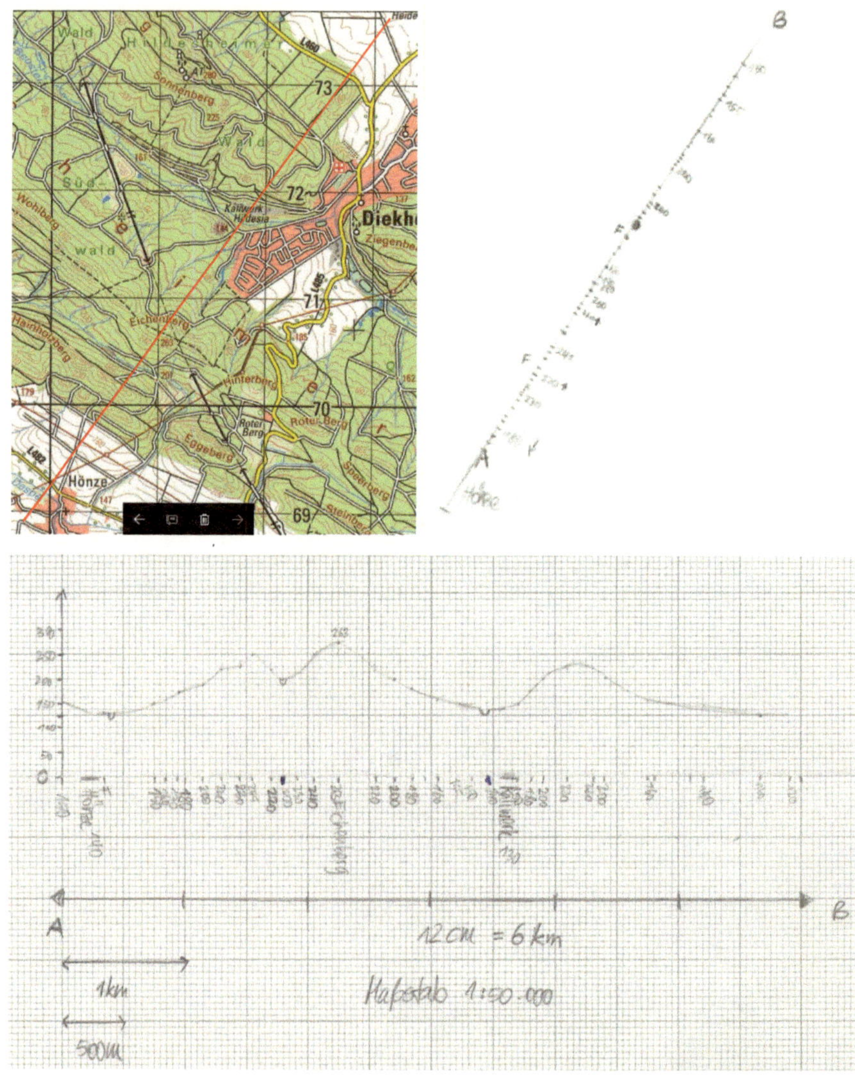

Anhang 3 – Profil C-D

Querprofil ‚C-D': Hildesheimer Wald, Almstedt Kirche bis Röderhof Kirche

Karte: L3024 Hildesheim, TK 1:50.000

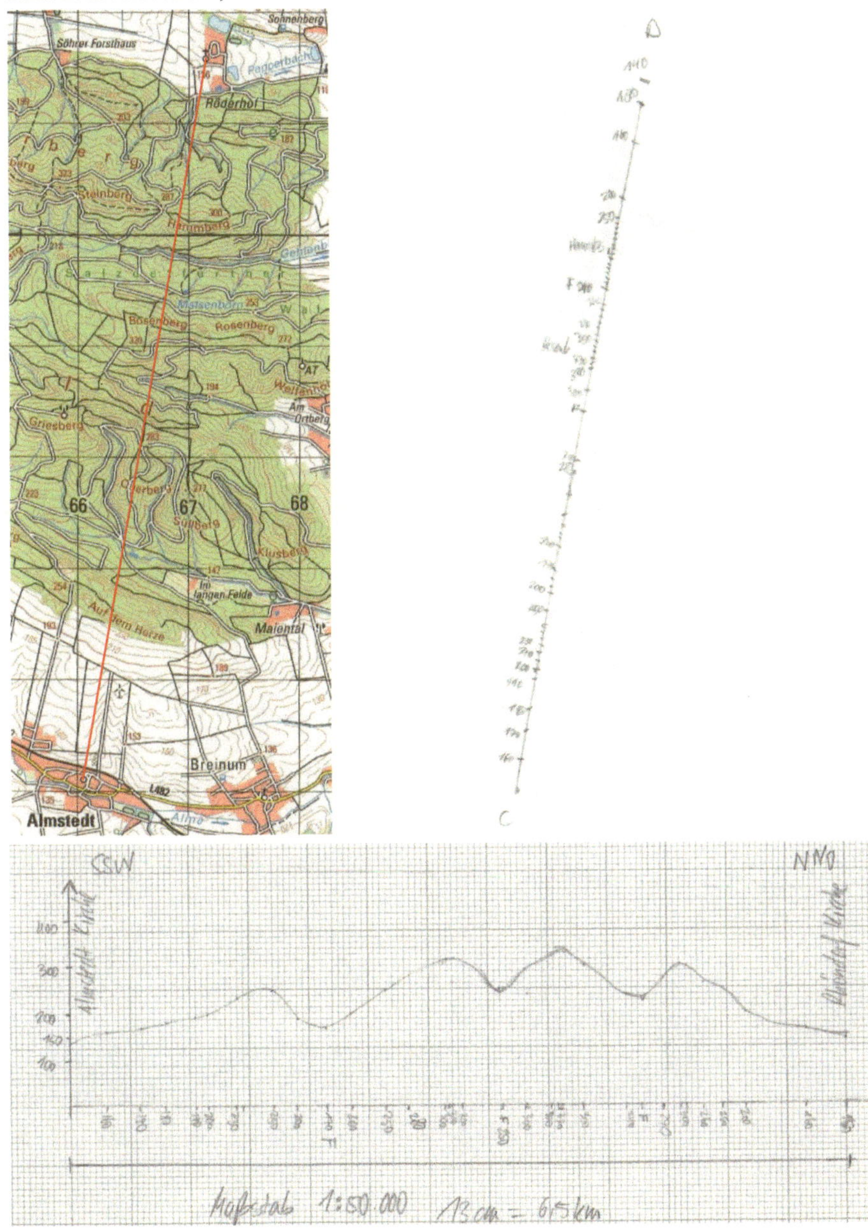

Anhang 4

Luftbild, Google Earth 26.11.2016 - Kiesanlage nördlich Nordstemmen

Luftbild, Google Earth 26.11.2016 - Kiesanlage bei Brüggen

Anhang 5

Schummerungskarte Niedersachsens – Raum Hildesheimer Wald und Leinetal (NIBIS 2014)

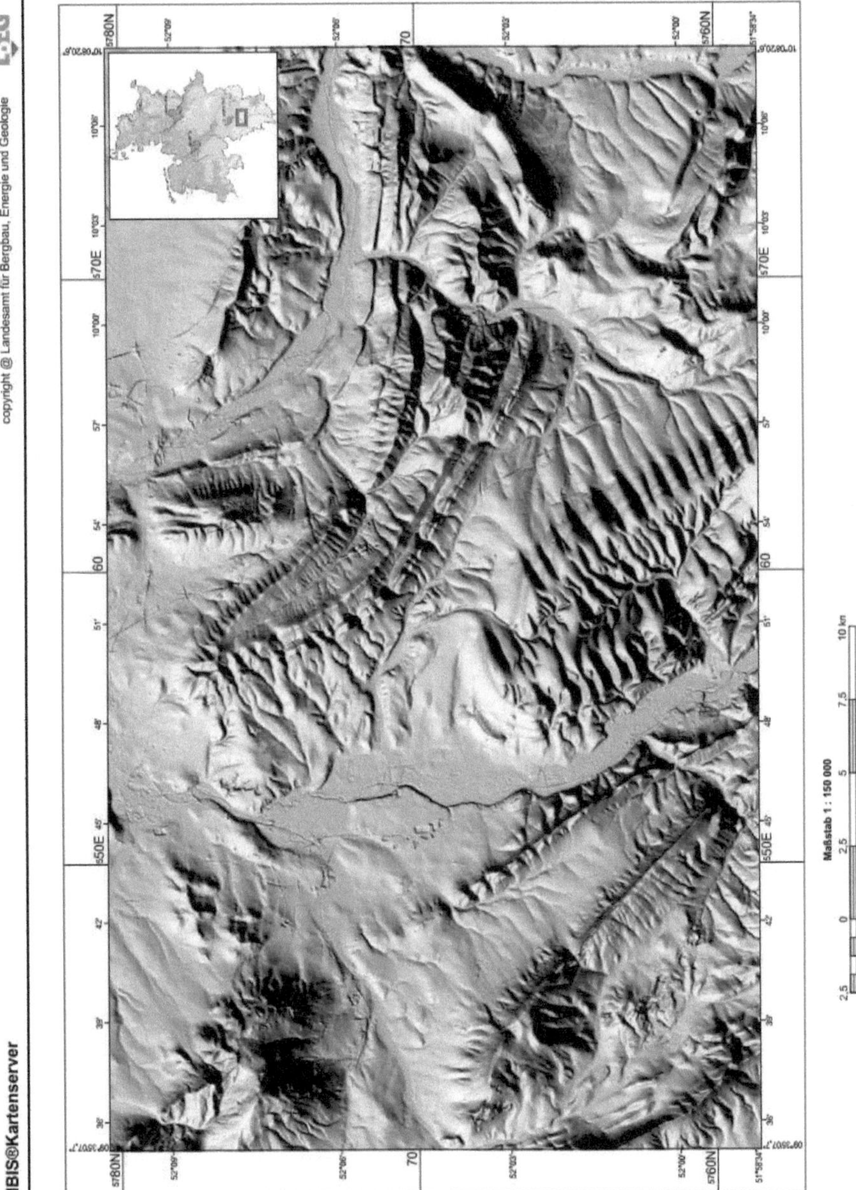

Anhang 6

Höhenschichten und Gewässernetz (ENGER et al. 1997: Anhang)

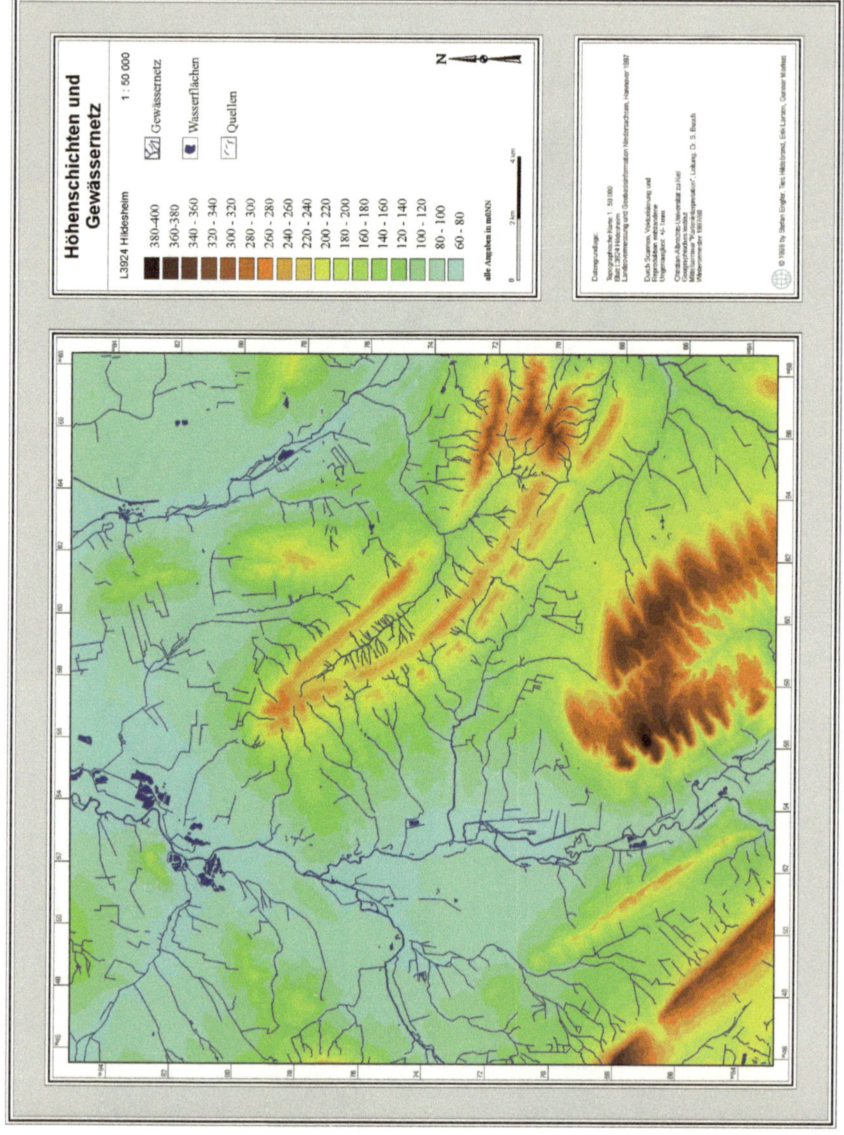

Anhang 7

Karte: TK 1:50.000 – Hildesheim (SEEDORF 1977: 87)

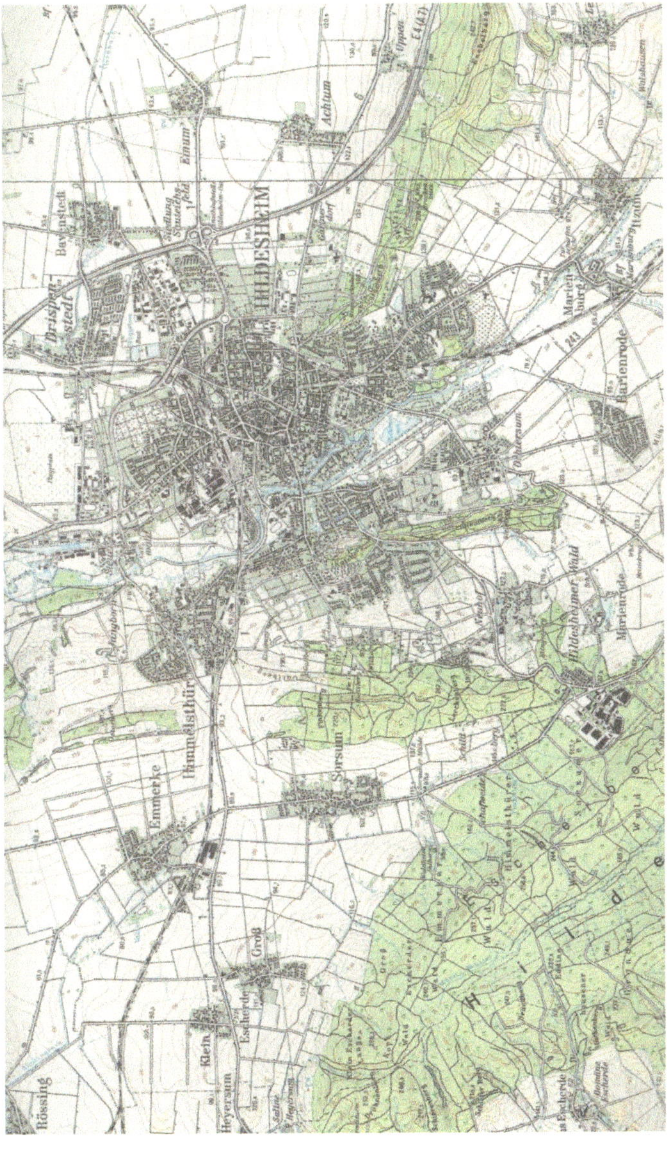

7 Literaturverzeichnis

Ahnert, F., 2009. Einführung in die Geomorphologie. Eugen Ulmer, Stuttgart.

Berger, D., 1993. Duden. Geographische Namen in Deutschland. Dudenverlag, [u.a] Mannheim.

Deutsche Stratigraphische Kommission, 2012. Stratigraphische Tabelle von Deutschland Kompakt. Potsdam.

Enger, S., Hildebrand, T., Larsen, E., Markus, G., 1998. Karteninterpretation Blatt L3924 Hildesheim. http://www.denudation.de/geographie/karteninterpretation/text/default.htm, 2016-11-26.

Grotelüschen, W., Muuß, U., 1967. Luftbildatlas Niedersachsen. Karl Wachholtz, Neumünster.

Hagel, J., 1998. Geographische Interpretation togographischer Karten. Teubner, Stuttgart [u.a.]

Hüttermann, A., 2001. Karteninterpretation in Stichworten. Borntraeger, Berlin [u.a.].

Liedtke, H., 1994. Namen und Abgrenzungen von Landschaften in der Bundesrepublik Deutschland. Forschungen zur Deutschen Landeskunde 239, Zentralausschuß für deutsche Landeskunde, Trier.

Lienau, C., 1995. Die Siedlungen des ländlichen Raumes. Westermann, Braunschweig.

Meschede, M., 2015. Geologie Deutschlands. Ein prozessorientierter Ansatz. Springer, Berlin [u.a.].

Meyer, M., Ratzel, F., 2006. Neolithische Grabenwerke in Mitteleuropa. Ein Überblick. Journal of Neolithic Archaelogy 8. http://www.jna.uni-kiel.de/index.php/jna/article/view/20/20, 2016-11-28.

Mlynek, K., Röhrbein, W.R., 2009. Stadtlexikon Hannover. Von den Anfängen bis in die Gegenwart. Schlütersche, Hannover.

Schrader, E., 1970. Die Landschaften Niedersachsens. Bau, Bild und Deutung der Landschaft. Ein Topographischer Atlas. Karl Wachholtz, Neumünster.

Schulz, G., 2003. Lexikon zur Bestimmung der Geländeformen in Karten. In: Hofmeister, B., Voss, F., Berliner geographische Studien 28, Technische Universität Berlin, Berlin.

Seedorf, H.-H., 1977. Topographischer Atlas Niedersachsen und Bremen. Karl Wachholtz, Neumünster.

Seedorf, H.H., Meyer, H.H., 1992. Landeskunde Niedersachsen. Natur- und Kulturgeschichte eines Bundeslandes. Karl Wachholtz, Neumünster.

Semmel, A., 2002. Niedersächsisches Bergland. In: Liedtke, H., Marcinek., J. (Eds.), Physische Geographie Deutschlands. Klett-Perthes, Stuttgart, 494-500.

Singer, P., Fliedner, D., 1970. Landeskunde Niedersachsens. Harms Landeskunde, München.

Kartenmaterial:

Gohl, D., 1972. Deutsche Landschaften – Bau und Formen 1:1.000.000. Bundesforschungsanstalt für Landeskunde und Raumordnung, Frankfurt am Main.

Google Earth 2016. 2016-11-26.

Google Maps, 2016. https://www.google.com/maps/place/Hildesheim,+Deutschland/@52.147321,9.90 76263,13478m/data=!3m1!1e3!4m5!3m4!1s0x47baafa9eed1ca23:0x8eeec1f5e47183d2!8m2!3d52.1547 78!4d9.9579652, 2016-11-28.

Landesvermessungsamt und Geobasisinformation Niedersachsen, 2008. Topographische Karte Hildesheim, L3924, 1:50.000, Hannover.

Liedtke, H., 1994. Bundesrepublik Deutschland 1:1.000.000. Landschaften – Namen und Abgrenzungen. Forschungen zur Deutschen Landeskunde 239, Zentralausschuß für deutsche Landeskunde, Trier.

NIBIS Kartenserver (Niedersächsisches Bodeninformationssystem), 2014. Schummerungskarte Niedersachsen. Landesamt für Bergbau, Energie und Geologie (LBEG), Hannover. http://nibis.lbeg.de/cardomap3/?permalink=1Fklp40R, 2016-11-28.

Preußische Geologische Landesanstalt, 1913. Geologische Karte von Preußen und benachbarten deutschen Ländern, Sibbesse, GK 2157 (neu 3925), 1:25.000, Berlin.

Preußische Geologische Landesanstalt, 1924. Geologische Karte von Preußen und benachbarten deutschen Ländern, Elze, GK 2089 (neu 3824), 1:25.000, Berlin.

Preußische Geologische Landesanstalt, 1927. Geologische Karte von Preußen und benachbarten deutschen Ländern, Hildesheim, GK 2090 (neu 3825), 1:25.000, Berlin.

Stadt Hildesheim, FB 61 Stadtplanung und Stadtentwicklung, 2015. Flächennutzungsplan. https://www.hildesheim.de/pics/medien/1_1463999666/2016_01_21_FNP2020_Rechtskraft_5.Ae..pdf, 2016-11-28.